Alexander Bauer

Dyskalkulie - Ursachen, Feststellung und Hilfen für Kinder mit Rechenschwäche

GRIN Verlag

Bibliografische Information der Deutschen Nationalbibliothek:

Die Deutsche Bibliothek verzeichnet diese Publikation in der Deutschen National-
bibliografie; detaillierte bibliografische Daten sind im Internet über http://dnb.d-
nb.de/ abrufbar.

Impressum:

Copyright © 2006 GRIN Verlag GmbH
Druck und Bindung: Books on Demand GmbH, Norderstedt Germany
ISBN: 978-3-640-23007-5

Dieses Buch bei GRIN:

http://www.grin.com/de/e-book/118931/dyskalkulie-ursachen-feststellung-und-hilfen-
fuer-kinder-mit-rechenschwaeche

Universität zu Köln

Heilpädagogische Fakultät

Förderschwerpunkt Lernen

Seminar: SDK 1.2 „Möglichkeiten der intellektuellen

Förderung"

SoSe 2006

Hausarbeit zu dem Thema

„Dsykalkulie"

Alexander Bauer

2. Semester Sonderpädagogik

Inhaltsverzeichnis

1. Einleitung

Unter dem Begriff der Dyskalkulie versteht man eine „Rechenstörung"/ bzw. „Rechenschwäche", wobei letztere Begriffe von vielen Verfassern synonym verwendet werden. Andere aber ziehen auch den Gebrauch eines der Wörter vor.

Nach der internationalen Klassifikation der WHO wird die Rechenstörung als eine Teilleistungsschwäche angesehen, die aus verschiedenen Ursachen entstehen kann „Diese Störung beinhaltet eine umschriebene Beeinträchtigung von Rechenfertigkeiten, die nicht allein durch eine allgemeine Intelligenzminderung oder eine eindeutig unangemessene Beschulung erklärbar ist. Das Defizit betrifft die Beherrschung grundlegender Rechenfertigkeiten wie Addition, Subtraktion, Multiplikation und Division, weniger die höheren mathematischen Fertigkeiten" (DSM-III-R, Beltz-Verlag Weinheim, Basel 1989, 277, zit. n. Ganser, 2001, S.7).

Demnach kann bei einer Rechenstörung eine Intelligenzminderung vorliegen und eine besondere Beschulung nötig sein, muss aber nicht unbedingt. Die Klassifikation klammert andere Faktoren, die zu einer Rechenschwäche führen können, aus.

Rechenschwäche wird auch als „anhaltende Schwierigkeiten im Erfassen rechnerischer Sachverhalte" (Ortner und Ortner, 1991, S.244 ff. zit. n. Ganser, 2001, S.7) gesehen. Dabei ist der Umgang mit Zahlen und den Rechentechniken gemeint.

Sucht man eine Definition, die sich besonders auf die Form des Unterrichtes bezieht, kann man sagen, dass alle Schüler eine Rechenschwäche haben, „ die einer Förderung jenseits des Standardunterrichts bedürfen" (Lorenz, Radatz 1993, S.16 zit. n. Ganser, 2001, S.7).

Zusammenfassend kann man sagen, dass eine Rechenschwäche/ Rechenstörung über eine längere Zeit anhält, den Betroffenen das Folgen des Matheunterrichts sehr erschwert und sich auf das Selbstbewusstsein auswirken kann, so dass letzteres die Schwierigkeit des Begreifens wiederum verstärken kann.

Wie entsteht aber eine Rechenschwäche, woran erkennt man sie, oder wie kann den Kindern, die rechenschwach sind geholfen werden? Darauf wird im Folgenden eingegangen.

2. Ursachen einer Rechenschwäche

Zu der Frage, warum ein Kind eine Rechenschwäche hat, gibt es verschiedene Erklärungsansätze, wobei die Forschung noch nicht so weit ist, antworten zu können, welcher Ansatz nun der zutreffendste ist.

Man geht davon aus, dass vielmehr das Zusammenspiel der Faktoren aus den verschiedenen Bereichen zu verschiedenen Defiziten führt, die eine Rechenschwäche entstehen lassen.

2.1 Der neuropsychologische Ansatz

Die Neuropsychologen gingen zunächst davon aus, dass ein bestimmtes Hirnareal bei Menschen mit einer Rechenschwäche verletzt sei. Dies traf zwar bei manchen Untersuchten zu, jedoch gab es auch Andere, die von einer Rechenschwäche betroffen waren, bei denen keine organische Störung vorlag. (vgl. Nolte, 2000, S.16)

Aus neuropsychologischer Sicht, kann die Fähigkeit zu rechnen erst dann entwickelt sein, wenn verschiedene Wahrnehmungsbereiche gereift sind und auch in Kontakt zueinander stehen, also integriert sind. Dabei handelt es sich um die Bereiche der Motorik, der räumlichen Orientierungsfähigkeit, der auditiven Wahrnehmung, der visuellen Wahrnehmung, der Reaktionsgeschwindigkeit, dem Gedächtnis und der Orientierung in der Zeit. (vgl. Ganser, 2001, S. 9, 10)

2.1.1 Störungen in der visuellen und taktilen Wahrnehmung

Hat ein Kind z.B. Beeinträchtigungen in der visuellen und taktilen Wahrnehmung, wird dadurch eine defizitäre Auge- Hand- Koordination verursacht. Diese wird aber für die Fähigkeit des Ordnens, Vergleichen und Zählens gebraucht. Das Auge muss z.B. eine Zahl fixieren können, aber gleichzeitig auch zwischen verschiedenen Zahlen hin- und herschwenken können, um eine Menge zu erfassen. Kinder lernen oft auch die Addition anhand von Holzperlenspielen. Auch hier müssen sie zum einen die Perlen schieben und damit auch tasten, zum anderen sie aber auch visuell wahrnehmen. Gelingt ihnen dies nicht, erfüllt das Hilfsmittel bei diesen Kindern nicht seinen Sinn. Rechenschwachen Kindern fehlt die Fähigkeit, Zahlen einzuordnen „Danach beinhaltet jede geistige Repräsentation einer Zahl notwendig eine visuelle Vorstellung im Raum, d.h. Zahlen werden als Elemente in diesem Raum aufgefasst (Lorenz, Radatz 1993 zit. n. Ganser, 2001, S. 10).

Gerade in der ersten Klasse wird noch sehr viel über Handlungen (Beispiel Holzperlenspiel) und Bilddarstellungen im Mathematikunterricht vermittelt. Verhindert dabei eine visuelle- und räumliche Wahrnehmungsschwäche das Verständnis zur Rangordnung von Zahlen, fehlt die Basis für die ersten Rechenaufgaben, wie z.b. das Addieren. (vgl. Radatz und Rickmeyer 1991 zit. n. Kaufmann, 2003, S.34).

Fehlt einem Kind das Verständnis, dass z.b. die Zahl 5 eins mehr als die 4, kann das dazu führen, dass die Addition nicht richtig gelöst werden kann. Wenn dann die Aufgaben im Bereich der Subtraktion beginnen, verdichtet sich in dieser frühen Stufe des Mathematikunterrichtes das Unverständnis des Kindes.

2.1.2 Störungen in der auditiven Wahrnehmung

Leidet das Kind zusätzlich noch unter einer auditiven Wahrnehmungsstörung, wird das Verständnis des Stoffes noch dadurch erschwert, dass das Kind die mündlichen Aufgabenstellungen akustisch nicht verstehen kann. „Eine auditive Diskriminierungsschwäche ermöglicht es Kindern nicht, aus der Fülle von akustischen Stimuli diejenigen zu selektieren, die im jeweiligen Augenblick relevant erscheinen (z.b. Lehrerfrage, Aufruf…)" (Kaufmann, 2003, S.33). Die Aufträge können auf Grund der auditiven Wahrnehmungsstörung schwer im Gedächtnis behalten werden und so nicht weiter verarbeitet werden. Gerade das Erlernen des „Einmal Eins" erfolgt oft mündlich und kann so nicht oder nur schwer gespeichert werden. Wenn andere Kinder es oft sehr schnell auswendig gelernt haben, muss ein rechenschwacher Schüler es immer wieder neu herleiten, was viel Anstrengung braucht und wozu in der normalen Schulstunde häufig keine Zeit ist.

2.1.3 Störungen in der taktil- kinästhetischen Wahrnehmung

Kinder brauchen bestimmte Vorraussetzungen, damit sie taktile Reize aufnehmen können und sich so selbst spüren können. Die Entwicklung der taktil- kinästhetischen Wahrnehmung beginnt schon im frühsten Kleinkindalter. Das Kind braucht Begrenzungen, um sich selbst wahrzunehmen und ein Körperschema zu entwickeln „Widerstand wird gesucht, um im Kontakt mit ihm, sich selbst zu spüren (…)Aus diesen ersten sensomotorischen Empfindungen kommt es zu Wahrnehmungen, die in Verbindung mit den Vestibularorganen, (Gleichgewichtsorgan der Innenohren und Nervenkernen im Kleinhirn) die Voraussetzung für ein „ grundlegendes Orientierungssystem" (Gibson 1982) bilden" (Milz, 2004, S. 26- 27).

Um sich in der räumlichen Umwelt orientieren zu können und so auch ein Bewusstsein über Grenzen und Richtungen erfahren zu können, bedarf es, dass Kinder die Möglichkeit haben, sich viel zu bewegen „Alle Raumdimensionen (oben/unten, vorne/hinten, links/rechts) können nur durch Bewegungserfahrungen erworben werden" (Müller, 2004, S.24). Durch verschiedene Bewegungen, wie z.b. auch hüpfen und schaukeln, wird gleichzeitig der Gleichgewichtssinn geschult. Letzterer ist wichtig, damit das Kind neben den Richtungen links und rechts auch das Verhältnis von oben und unten versteht. Durch die Bewegung und die taktil- kinästhetische Wahrnehmung, einschließend des Vestibulärsystems, verinnerlicht das Kind die Richtungsmöglichkeiten und bildet so einen Orientierungssinn. Durch diese Fähigkeiten wird es dem Kind später leichter fallen, ein Verständnis für den Stellenwert von Zahlen zu erwerben „Auch der sichere Umgang mit den Dimensionen links und rechts ist für die Mathematik entscheidend: Die Arbeitsrichtung hängt davon ab, das Stellenwertsystem ist in einer besonderen Richtung aufgebaut, und Zahlen müssen nach einem bestimmten Muster gelesen werden" (Müller, 2004, S. 24).

Zusammenfassend kann man aus neuropsychologischer Sicht sagen, dass es für den Erwerb der Kulturtechnik Rechnen wichtig ist, ob die verschiedenen Bereiche der Wahrnehmung vorhanden sind und vor allem ganzheitlich wirken. Wenn z.B. die visuelle Wahrnehmung gut funktioniert, aber dafür die auditive Wahrnehmung nicht hinreichend ausgebildet wurde, kann dies schon zu einer Rechenschwäche führen. Das Kind kann womöglich manche Aufgaben lösen, kommt aber dann mit dem Unterrichtsstoff nicht zurecht, wenn die bildliche Darstellung endet und der Lehrer z.b. die Aufgaben rein mündlich erklärt. (vgl. Kaufmann, 2003, S.33) Wenn das Kind dann auf die auditive Wahrnehmung angewiesen ist, diese aber nicht genügend ausgebildet ist, es sich z.B. nicht ausreichend konzentrieren kann, kann das Ergebnis davon so aussehen, dass das Kind den Anschluss an den Unterrichtsstoff verliert und ohne Förderung auf einer niedrigen Stufe des mathematischen Denkens „hängen bleibt".

2.1.4 Soziokulturelle und familiäre Ursachen für Rechenschwäche

Aus soziokultureller und familiärer Perspektive betrachtet man das rechenschwache Kind in Bezug auf sein soziales Umfeld und hinsichtlich der Faktoren, die zu der Motivation zum Erlernen von Rechnen führen.

Rechenstörungen „stehen auch in Zusammenhang mit dem jeweiligen sozialen Kontext (Eltern, Geschwister, Lehrer, Mitschüler, Freunde) und mit psychischen Variablen (Gefühlen, Motivation, Selbstwert)" (Schliegel, 2001, S. 16).

Leidet das Kind z.B. beim Eintritt in die Schule unter der Scheidung seiner Eltern, kann dies dazu führen, dass es sich nicht hinreichend auf den Unterricht konzentrieren kann und so von Anfang an den Anschluss verliert. Negativ unterstützend kann in diesem Fall noch dazu kommen, dass die Eltern auf Grund ihrer eigenen Probleme nicht die Kraft und Zeit haben, um dem Kind bei den Hausaufgaben zu helfen.

Wenn das Kind aber von Anfang an im Mathematikunterricht nicht mitkommt, kann dies schwerwiegende Folgen auf das Selbstwertgefühl des Kindes und das daraus resultierende Sozialverhalten haben. Schliegel (2001) stellt, in einem soziokulturellen und familiären Zusammenhang, die Entwicklung eines rechenschwachen Jungens namens Mathias vor.

„ Mathias lebt in einem Teufelskreis, er leidet unter der Schule, da er täglich Frustration, Unsicherheit, Überforderung erlebt" (Schliegel, 2001, S. 17).

Kinder, die sich in der Lage von Mathias befinden, zweifeln an sich selbst, gerade wenn sie sich mit den anderen Kindern vergleichen, die ohne Probleme die Rechenaufgaben verstehen. Aus Angst zu versagen und dann womöglich von den Mitschülern gehänselt zu werden, verweigern oder vermeiden sie eher den Unterricht und stören nicht selten, was dann wieder zu negativen Konsequenzen seitens des Lehrers führt. Auch betroffene Eltern verzweifeln oft an der fehlenden Motivation ihrer Kinder bei den Hausaufgaben und wenn sie sich bewusst werden, dass jegliches Erklären der Aufgaben sich nicht positiv auf das Verständnis des Kindes auswirkt. Nicht selten wird das Kind dann von Lehrern und Eltern als „faul" oder „unintelligent" beschimpft, was dann das Selbstwertgefühl noch mehr vermindert und die Vermeidung der aktiven Teilnahme am Unterricht steigert. Die Angst vor Versagen wird immer stärker und kann zu Lernblockaden führen. Im schlimmsten Falle kann der Schüler noch nicht einmal seine guten Leistungen in anderen Fächern anerkennen, weil die Schuldgefühle bezüglich des „ Versagens" im Mathematikunterricht überwiegen. (vgl. Schliegel, 2001, S. 16- 18)

Eine weitere soziokulturelle Ursache für eine Rechenschwäche kann eine sprachliche Barriere darstellen. Manche Kinder kennen bei Schulbeginn noch nicht die Bedeutung und

Relation von Mathe- relevanten Wörtern. „ Denn im arithmetischen Anfangsunterricht ist eine noch feinere Sprachkompetenz als im muttersprachlichen Unterricht erforderlich: klassifikatorisch-kategoriale, relationale (nah-fern, kurz-lang), komparative und räumlich-zeitlich präpositionale Bestimmungen (auf, über, unter, an, bei, in,(…) und ein- und ausschließende Relationen (alle, manche, keiner, irgendeiner, alle außer, weder... noch)" (Kaufmann, 2003, S. 35, zit. n. Lorenz, 2001).

Letztere aufgezählte Begriffe werden wiederum durch motorische Erfahrungen erlernt und begriffen. Daher muss dem Kind, wie auch schon bei der Erörterung des neuropsychologischen Ansatzes gesagt wurde, die Möglichkeit und der Platz geschaffen werden, um sich genug bewegen zu können. (vgl. Kaufmann, 2003, S. 33- 34)

2.2 Schulische Ursachen für Rechenschwäche

Damit ein Kind zu Beginn der Schulzeit die Möglichkeit bekommt, rechnen zu lernen, muss der Lerninhalt zunächst handlungsbezogen und mit bildlichem Material vermittelt werden. Der Lehrer muss also das Wissen und die Wahrnehmungsebenen der Schüler berücksichtigen. „ Vorschnell angestrebte Automatisierung kann zu mangelnder operativer Flexibilität führen, (…), so dass ein Transfer auf neue Aufgabenstellungen nicht möglich ist" (Kaufmann, 2003, S. 36). Wenn der Schüler durch die Didaktik des Lehrers von Anfang an überfordert wird, verinnerlicht er nicht das Basiswissen, welches für schwierigere, komplexere Rechenoperationen vorausgesetzt wird.

Auch häufiger Lehrerwechsel mit wechselndem Unterrichtsstil, oder längere Fehlzeiten des Schülers auf Grund von Krankheit, können dazu führen, dass der Schüler im Unterricht Unsicherheiten bis hin zu einer Rechenschwäche aufweist.

Während hier verschiedene Ursachen für eine Rechenschwäche erläutert wurden, wird im folgenden Kapitel beschrieben, wie man zu der Annahme kommt, dass ein Schüler tatsächlich eine Rechenstörung aufweist.

3. Feststellung einer Rechenschwäche

Es existieren verschiedene Testverfahren wie z.B. der „Osnabrücker Test zur Zahlbegriffsentwicklung", der „Deutsche Mathematiktest für erste Klassen" oder das „Zareki Testverfahren" (vgl. Milz, 1993, S. 159), um einzuschätzen, wie weit ein Kind in seiner kognitiven Entwicklung bezüglich des Rechnens ist. Alle Verfahren im Einzelnen vorzustellen, würde den Rahmen dieser Hausarbeit sprengen. Daher werden im Folgenden die Ergebnisse vorgestellt, die einen Hinweis darauf geben können, ob womöglich eine Rechenschwäche vorliegt. Dabei sollte darauf geachtet werden, dass man nicht, sobald das Kind ein größeres mathematisches Unverständnis aufweist, es als „ rechenschwach" bezeichnen kann. Vielleicht leidet das Kind zum Zeitpunkt der Beobachtung nur unter einer momentanen Konzentrationsschwäche auf Grund erschwerter äußerer Bedingungen. Trotzdem sollte das Kind weiterhin in seiner mathematischen Fähigkeit beobachtet werden. Wenn mehrere der im Folgenden genannten Hinweise bei einem Kind zutreffen, sollten die Lehrer den Eltern raten, das Kind bei einem Therapeuten, der auf Dyskalkulie spezialisiert ist, untersuchen zu lassen.

Wenn ein Kind unverhältnismäßig lange Zeit braucht, um die Hausaufgaben in dem Fach Mathematik zu erledigen, das Kind eher so wirkt, als würde es endlos grübeln, als problemorientiert an die Aufgabe heranzugehen, sollten die Eltern mit ihrem Kind sprechen, wo sein Problem liegt. Oftmals kann das Kind nicht genau den Inhalt des Unverständnisses erklären, besteht aber darauf, dass die Mutter oder der Vater bei ihm in der Nähe bleiben. Die Eltern werden aufgefordert möglichst schnell eine Hilfestellung zu geben, worauf ein rechenschwaches Kind aber oft wütend reagiert, wenn es trotz Unterstützung die Aufgabe nicht lösen kann „Das Kind beginnt bei sachlich gemeinten Hilfeleistungen sehr schnell widerborstig zu werden, weil es das Erleichternde in den Tipps nicht erkennen kann, sondern zusätzliche Schwierigkeiten wittert. „Das haben wir in der Schule ganz anders gelernt", so könnte zum Beispiel die Abwehrhaltung ausgedrückt werden" (Müller, 2004, S. 19).

Auffällig bei rechenschwachen Kindern ist, dass die Aufgaben oft nach dem gleichen Schema falsch gelöst werden, oder ein Wechsel in der Aufgabenstellung übersehen wird, z.B. die Änderung von der Addition in die Subtraktion.

Wenn Eltern bemerken, dass ihr Kind Schwierigkeiten in dem Fach Mathematik hat, versuchen sie im Idealfall die Schwächen durch vermehrtes Üben mit dem Kind auszugleichen. Die Wahrscheinlichkeit, dass das Kind unter einer Rechenstörung leidet, nimmt dann zu, wenn aus dem Üben keinerlei positives Resultat erfolgt. „Das Kind klammert sich an ein Schema als Vorlage, nach dem es alle Aufgaben behandelt. Nach einer zeitlich überschaubaren Übungsphase ist eine unverhältnismäßig große geistige Erschöpfung feststellbar" (Müller, 2004, S. 19).

Ein Schüler, der ein „funktionierendes" Matheverständnis hat, begreift Aufgabenstellungen, ein rechenschwaches Kind lernt die Aufgabenstellungen auswendig, was aber meistens dazu führt, dass das Ergebnis unter Leistungsdruck nicht mehr abgerufen werden kann und keine Transferleistung erbracht werden kann. Das Kind erkennt keinen inneren Zusammenhang „Beim Üben, speziell bei Sachaufgaben, fällt die Wahllosigkeit auf, mit der ein bestimmter Rechenweg eingeschlagen wird" (Müller, 2004, S.19). So erkennt z.b. ein Kind bei einer Aufgabe wie **12 – 3** nicht, dass es sich um eine Subtraktion handelt und erhält als falsches Ergebnis eine **15** (als würde es sich um eine Addition handeln). Wenn es einem Schüler das ein oder andere Mal passiert, dass er die Addition mit der Subtraktion verwechselt, kann das auch ein Flüchtigkeitsfehler sein. Wenn aber immer wieder der gleiche Fehler auftritt und dies über eine längere Zeit, kann man davon ausgehen, dass der Schüler das Prinzip und den Unterschied der beiden Rechenarten noch nicht verstanden hat. Fällt dies dem Lehrer oder den Eltern auf, muss gehandelt werden, indem der Schüler eine besondere Förderung bekommt und untersucht wird, ob es sich bei ihm um eine Rechenstörung handelt. Denn umso mehr Fehler und damit Misserfolge auftreten, umso frustrierter wird das Kind und umso mehr resigniert es. Es schämt sich für sein Unverständnis und erfindet womöglich Ergebnisse, um zu vermeiden, dass Andere merken, dass es den Rechenweg gar nicht verstanden hat. (vgl. Müller, S.20)

Als seelische Hinweise für eine Rechenschwäche treten oft Symptome wie Bauchweh oder Kopfweh, besonders vor Tests, auf. Der Lehrer wird von dem Kind abgelehnt und als Sündenbock dafür gesehen, dass das Kind nicht die Aufgaben versteht und sich so vor den anderen Mitschülern blamiert.

Das Kind überträgt das Gefühl des Versagens im Rechnen auch auf andere Fächer, obwohl dieses womöglich gar nicht der Realität entspricht. Anstatt sich selbst aufzubauen, indem es sich sagt, dass es ja z.B. im Sachunterricht dafür umso besser ist, vermindert es noch mehr sein Selbstbewusstsein. Es fühlt sich für alles zu dumm. Um von seiner Angst abzulenken, versucht es anders Aufmerksamkeit zu bekommen „Sport, Angeben,

Clownereien machen sich als andere Kompensationsstrategien bemerkbar" (Müller, 2004, S. 20)

Häufig fällt bei rechenschwachen Kindern auf, auch wenn das bei anderen Schülern auch der Fall sein kann, dass ihre Hefte sehr unordentlich geführt sind und keine Gliederung oder Übersicht zu erkennen ist. Rechenschwache Kinder radieren oft oder streichen Ergebnisse durch, was widerspiegelt, wie verunsichert sie sind.

Die Tatsache, dass ein Kind schlechte Noten in Mathearbeiten bekommt, hilft einem nicht weiter, um zu erkennen, ob ein Kind unter einer Rechenschwäche leidet. Eine schlechte Bewertung kann auch von der Tagesform, der Konzentrationsfähigkeit zur Zeit der Arbeit abhängig sein. „ Die Hintergründe für Fehler und die Logik, die sich dahinter verbirgt, kann höchstens zielgerichteten handschriftlichen Kommentaren eines bemühten Lehrers entnommen werden" (Müller, 2004, S. 20).

Wenn der Lehrer erkennt, welches gleich bleibende Schema das Kind anwendet, was dazu führt dass das Kind so viele Fehler macht und vor allem auch bemerkt, welch negativen Einfluss die Misserfolge auf das Selbstbewusstsein des Kindes haben, wird er im besten Fall die Erkenntnis nutzen und in einem Gespräch mit den Eltern überlegen, wie man weiter verfahren kann, um den Kind eine best mögliche Unterstützung zu geben.

Was man machen kann, wenn man den Verdacht hat, dass ein Kind eine Rechenschwäche hat, damit beschäftigt sich das nächste Kapitel.

4. Verschiedene Hilfen für rechenschwache Kinder

Bevor einem Kind, welches große Schwierigkeiten in dem Fach Mathematik hat, geholfen werden kann, müssen erst der Lehrer oder die Eltern, im besten Fall Beide, erkennen, dass der Schüler Probleme im Rechnen hat, die sich nicht von selbst auflösen werden.

Der Lehrer muss mit den Eltern oder andersherum ins Gespräch gehen. Geholfen kann dem Schüler nur werden, wenn folgende Bedingungen erfüllt werden:

- die Eltern müssen bereit sein, zu erkennen, dass ihr Kind in Mathe Probleme hat
- die Eltern müssen zur Zusammenarbeit mit dem Lehrer und anderen Professionellen bereit sein
- der Klassenlehrer muss bereit sein, die Eltern zu beraten und muss so über ein Wissen verfügen, wie er oder Kollegen, das Kind fördern können – er muss erkennen können, ob eine Förderung in der Schule ausreicht, oder ob das Kind zu einem auf Dyskalkulie spezialisierten Therapeuten gehen muss. (vgl. Schliegel, 2001, S. 122, 123)

4.1 Die Förderarbeit in der Schule

Der Förderunterricht in der Schule ist meistens so ausgerichtet, dass Kinder im Gegensatz zu dem normalen Unterricht in kleineren Gruppen die Möglichkeit haben, nicht verstandene Sachverhalte, in diesem Fall Rechenaufgaben, begreifen zu lernen. Dabei sollte der Lehrer darauf achten, dass zu Beginn des Förderunterrichtes ein Vertrauensverhältnis zwischen ihm und den Schülern entwickelt werden kann. Wie nämlich im vorigen Kapitel gesagt wurde, fühlen sich rechenschwache Kinder häufig von den Lehrern und Eltern für „dumm" gehalten. Der Lehrer sollte versuchen, dem Kind zu vermitteln, dass der Förderunterricht dem Kind die Chance ermöglicht, Rechenaufgaben besser zu verstehen und der Lehrer dabei den Kindern viel mehr Aufmerksamkeit widmen kann als im normalen Unterricht .Oft sehen Kinder den zusätzlichen Förderunterricht mit Angst entgegen, weil sie die Erfahrung gemacht haben, dass sie, egal wie stark sie sich bemühen, den Mathestoff nicht verstehen. Sie glauben nicht daran, dass der Förderunterricht ihnen helfen kann. Gegen diese Angst kann der Lehrer ein wenig angehen, indem er zu Anfang des Förderunterricht spielerische Einheiten einsetzt „Nach anfänglicher Ablehnung des zusätzlichen Förderunterrichts durch die Kinder konnte durch motivierende Spiele und Materialien, die nicht unbedingt einen mathematischen Bezug erkennen ließen, diese in eine Akzeptanz umgewandelt werden" (Sperl, 2001, S. 121).

Da im Förderunterricht nur Kinder teilnehmen, die in dem gleichen Fach Probleme haben, trauen sich die Kinder eher auch Verständnisfragen zu stellen, ohne zu befürchten ausgelacht zu werden. Der Lehrer kann durch die gestellten Fragen einen spezifischeren Überblick bekommen, in welchen Bereichen die rechenschwache Kinder Probleme haben und diese Kenntnis für seine Methodik der Vermittlung nutzen. Im Förderunterricht sollte konkretes Anschauungsmaterial benutzt werden.

Der Förderlehrer sollte immer in Kontakt mit dem Klassenlehrer/Mathematiklehrer bleiben, damit alle Parteien besser verstehen lernen, wo die Probleme, aber auch die Fortschritte der Förderschüler liegen. Letztere sollten immer gelobt werden. Indem der Schüler mitbekommt, dass die Lehrer sich untereinander und auch mit den Eltern über ihn austauschen, fühlt er sich ernst genommen und kann wieder mehr Selbstwertgefühl entwickeln. (vgl. Sperl, 2001, S.121) So kann durch den Förderunterricht im besten Fall der Schüler seine Abwehr/ Vermeidung aufgeben. „Zusammen mit dem durchgeführten Förderunterricht, dem sich wachsenden Selbstwertgefühl des Kindes und einer gezielten Beratung der Klaßlehrkraft konnte der Teufelskreislauf der mathematischen Lernstörung unterbrochen werden" (Sperl, 2001, S.121).

Bis jetzt wurden nur Vorteile Des Förderunterrichts genannt. Vorraussetzung dafür ist, dass der Förderunterricht unbedingt regelmäßig stattfindet, da Erfolge nur durch Kontinuität, ständiges Wiederholen von Gelerntem, erzielt werden können.

Grenzen der Förderung in der Schule sind erreicht, wenn die Förderung nicht ausreichend zielorientiert ist, oder nicht genügend Motivationscharakter hat. Weiterhin kann der Förderunterricht scheitern, wenn das Kind das Gefühl hat, dass außer dem Förderlehrer ihn immer noch jeder für dumm hält.

Für manche Kinder ist der Förderunterricht nicht ausreichend, weil ihre Rechenstörung zu stark ist. In diesen Fällen muss genau abgeklärt werden, ob das Kind nur Defizite in Mathe hat, oder ob es auch in anderen Fächern keine ausreichenden Leistungen hervorbringen kann. Dies geschieht häufig durch einen Intelligenztest. Im Falle einer alleinigen Rechenstörung, kann eine früh genug einsetzende Dyskalkulietherapie helfen. Hat das Kind aber auch in den anderen Fächern so große Probleme im Unterricht mitzukommen, muss über die Möglichkeit einer Versetzung auf eine Förderschule nachgedacht werden.

4.2 Die Dyskalkulietherapie

Im Folgenden wird sich auf die Therapie eines Münchner Institutes für Dyskalkulie bezogen. Insgesamt ist zu sagen, dass es noch nicht viel Literatur bezüglich dieser Therapieform auf dem Markt gibt.

In der Dyskalkuietherapie wird nicht der momentane mathematische Leistungsstand des Kindes gemessen, sondern der Therapeut analysiert gerade die falschen Rechenergebnisse auf bestimmte Schemata, an die das Kind festhält „Unerläßlich dafür ist eine qualitative Fehlerdiagnose, die die falschen Ergebnisse nicht nur als Nichtkönnen charakterisiert, sondern einer genaueren Analyse unterzieht, welche einen Beitrag zum Offenlegen „Subjektiver Algorithmen" leistet" (Alexander von Schwerin, 2001, S. 131).

Dadurch dass das Aufgabenmaterial verschiedene Rechenbereiche anspricht, kann der Therapeut erkennen, in welchen Gebieten der Klient Probleme hat. Die Aufgaben werden mündlich, schriftlich und als Sachaufgabe angeboten. Der Klient wird bei dem Rechnen zum „lauten Denken" ermuntert, da der Therapeut auf diese Weise noch mehr über die Art der Rechenschwäche erfährt. (vgl. Alexander von Schwerin, 2001, S.131)

Um noch genauere Kenntnisse über die Probleme des Klienten zu bekommen, ist eine Kooperation mit dem Lehrer und den Eltern des Kindes unabdingbar. So können die Eltern dem Therapeuten auch Hinweise darüber geben, wie ihr Kind die Mathematik im praktischen Alltag anwendet: kann das Kind z.b. beim Einkaufen richtig bezahlen, oder kann es die Uhr lesen? (vgl. Alexander von Schwerin, 2001, S. 132)

Aus den Ergebnissen der verschiedenen Tests und der Gespräche mit der Umwelt des Kindes, wird ein Fehlerprofil erstellt, nach dem sich die eigentliche Therapie richtet.

Bei dem Therapieprogramm des Münchner Institutes wird jede einzelne Grundrechenart abgetrennt von den Anderen dem Klienten vermittelt. Der Therapeut passt sich der Geschwindigkeitsfähigkeit des Kindes an um den Leistungsdruck zu verringern. Da rechenschwache Menschen oft versuchen, Aufgaben auswendig zu lernen anstatt sie zu begreifen, achtet der Therapeut darauf, dass die Aufgabenstellungen so ausgerichtet sind, dass reines Auswendiglernen den Klienten nicht weiter bringt. Bevor eine neue Rechenart gelernt wird, geht der Therapeut sicher, dass sein Klient tiefgehend alle Zusammenhänge begriffen hat und sie auch verinnerlicht hat. Damit ein rechenschwacher Mensch irgendwann sogar die Rechenarten kombinieren kann, muss die Therapie in ganz kleinen Schritten vorangehen und jedes kleinste Unverständnis behoben werden. (vgl. Alexander von Schwerin, 2001, S. 133)

Ein rechenschwaches Kind hat, bevor es Hilfe in Form einer Dyskalkulietherapie erfährt, oft schon viele Frustrationen in seiner Schullaufbahn erlebt und hat versucht diese womöglich durch Aggressionen und Verhaltensauffälligkeiten zu kompensieren. Deswegen verwendet das Münchner Institut neben der reinen Rechenvermittlung auch psycho- und verhaltenstherapeutische Verfahren z.b. in Form einer Spieltherapie. Auf diese Weise können die Kinder zusätzlich in ihrem Selbstwertgefühl und ihrer Wahrnehmung gestärkt werden, so dass angewöhnte Abwehrmechanismen, die negativ der Umwelt auffallen, ihren Sinn verlieren (vgl. Alexander von Schwerin, 2001, S.132)

4.3 Elternarbeit als unterstützende Hilfe für das rechenschwache Kind

Wie schon mehrmals gesagt wurde, braucht nicht nur das rechenschwache Kind Hilfe, sondern dessen Eltern benötigen auch eine Unterstützung in Form einer Beratung. Da die Eltern häufig verzweifelt sind, wenn ihr Kind trotz vielem Üben und Hausaufgabenhilfe, nichts in Mathematik versteht, kann eine Kenntnis, dass eine Rechenschwäche noch lange kein Indiz für eine verminderte Intelligenz sein muss, die Eltern in ihrem Leidensdruck entlasten. Dies kann sich wiederum positiv auf das Verhalten der Eltern gegenüber ihrem

Kind auswirken, so dass die Elternarbeit auch gleichzeitig eine Hilfe für das Kind darstellt.

Eltern sollten von dem Lehrer erfahren, was es für Möglichkeiten gibt, ihr Kind zu unterstützen. In der Beratung sollte einerseits die Aufklärung über professionelle Institutionen beinhaltet sein, auf der anderen Seite sollte den Eltern aber auch klar gemacht werden, dass ihr eigenes Verhalten dem Kind gegenüber eine entscheidende Rolle im Lernprozeß des Kindes darstellt „Ungeduld und Drängen der Eltern haben gewöhnlich keinen Nutzen , können aber viele Schwierigkeiten bei einem Kind entstehen lassen, wie etwa Angst, Bockigkeit, Gleichgültigkeit oder Unkonzentriertheit. Eine sachliche, aber freundliche und helfende Grundstimmung ist die Vorraussetzung für eine erfolgreiche Bewältigung der täglichen Hausaufgaben- Situation" (Müller, 2004, S.62).

Eltern müssen dazu motiviert werden, nicht in der Verzweiflung über das Defizit des Kindes zu stagnieren, sonders selbst die Initiative zu ergreifen, indem sie sich informieren, wo sie sich und dem Kind Hilfe suchen können. Wenn sie nämlich selbst hilflos bezüglich der Rechenschwäche des Kindes wirken, spürt das Kind dies und wird neben seiner Scham noch durch Schuldgefühle gegenüber den Eltern belastet.

Da häufig die Wartezeiten, um einen Dyskalkulietherapieplatz zu bekommen oft sehr lang sind und die Therapie auch nur einmal die Woche von den Kassen finanziell übernommen wird, haben sich Elterninitiativen von und für Eltern und Lehrer rechenschwacher Kinder gegründet. (vgl. Francich, 2001, S. 136)

Grundsätzliche Tipps für Eltern können sein, dass sie beim Üben mit den Kindern viel Geduld aufbringen müssen und den Kindern genau zuhören, um den Regeln des Kindes auf die Spur zu kommen. Sobald das Kind etwas richtig macht, sollte es sehr gelobt werden, während Misserfolge auf keinen Fall bestraft werden dürfen. Die Eltern sollten mit ganz einfachen Übungen beginnen, um die Erfolgsrate des Kindes zu erhöhen und dadurch ein Selbstwertgefühl beim Kind und die Motivation zu erzeugen, damit es weiter übt. Die Übungszeiten müssen abgesprochen werden und eingehalten werden und der Konzentrationsfähigkeit des Kindes angepasst werden. (vgl. Müller, 2004, S.61)

Am aller wichtigsten für ein rechenschwaches Kind ist, dass es sich trotz der Defizite von den Eltern angenommen und geliebt fühlt und es in seinen Problemen Unterstützung von allen Seiten erhält.

5. Resümee

Es wurde in dieser Arbeit aufgezeigt, dass eine funktionierende Wahrnehmung eine gute Vorraussetzung ist, dass ein Kind die Kulturtechniken leichter erlernen kann. Dies zeigt auf, dass die wichtigsten Basissteine schon im Kleinkindalter bis hin zum Vorschulalter gelegt werden müssen. So sollte z.b, die Kindergartenzeit von ihrem Konzept so ausgerichtet sein, dass bevor die kognitiven Bereiche gefördert werden zunächst die wesentlichen Wahrnehmungsbereiche reifen können. Die Kinder sollten genug Raum haben, um sich bewegen zu können und so zu einem stimmigen Körperschemabewußtsein zu gelangen. So kann ein großer Teil der Prävention gegen Dyskalkulie von Seiten der Frühforderungszentren und Kindergärten geleistet werden.

Während Legasthenie schon allgemein sehr bekannt ist, wissen viele noch nicht, was man unter Dyskalkulie versteht. Lehrer sollten eine Fortbildung bekommen, um Rechenschwächen besser und früh genug erkennen zu können.

6. Literaturverzeichnis

Akademie für Lehrerfortbildung Dillingen (Ganser, Bernd; Schliegel, Heinz; Sperl, Franz; von Schwerin, Alexander; Francich, Wolfgang): Rechenstörungen. Diagnose- Förderung- Materialien, Donauwerth: Auer Verlag GmbH, 2001

Kaufmann, Sabine: Früherkennung von Rechenstörungen in der Eingangsklasse der Grundschule und darauf abgestimmte remadiale Maßnahmen, Frankfurt am Main, Peter Lang Verlag, 2003

Milz, Ingeborg: Rechenschwächen erkennen und behandeln. Teilleistungsstörungen im mathematischen Denken neuropädagogisch betrachtet, Dortmund, Borgmann Verlag, 2004

Müller, Franz Xaver: Topfit in Mathe. Rechenschwächen erfolgreich vorbeugen, erkennen, behandeln, Mainz, Matthias- Grünewaldverlag, 2004

Nolte, Marianne: Rechenschwächen und gestörte Sprachrezeption. Beeinträchtigte Lernprozesse im Mathematikunterricht und in der Einzelbeobachtung, Bad Heilbrunn, Julius Klinkhardt Verlag, 2000